AF390255

CATALOGUE

DES PRINCIPAUX OUTILS,

*Avec un apperçu des Prix de chacun;
dont partie d'accord avec notre Manuel
du Tourneur,*

QUI SE VENDENT

A PARIS,

Chez HAMELIN-BERGERON, rue
de la Barillerie, à la Fleur d'Angleterre,
vis-à-vis le Palais de Justice.

M. D. CCC. V.

CATALOGUE

Des principaux Outils, avec un apperçu des prix de chacun (dont partie d'accord avec notre Manuel du Tourneur), qui se fabriquent et se vendent chez le Sieur HAMELIN-BERGERON, à la Flotte d'Angleterre, rue de la Barillerie, vis-à-vis le Palais de Justice, à Paris.

Nota. On prévient qu'on ne fera jamais l'envoi d'aucunes pièces, qu'elles n'aient été examinées et eprouvées avec le plus grand soin.

La nature du commerce impose la loi de n'expédier aucune marchandise, que le montant n'en ait été payé par la voie qui conviendra le mieux aux Demandeurs. Il est nécessaire d'en prevenir par une lettre d'avis.

Les amateurs qui desireront faire quelques observations, sont invités de vouloir bien affranchir leurs lettres.

I

Il n'a pas été possible de déterminer exactement les prix de certains objets, parce qu'ils dépendent d'une infinité de petits détails d'accessoires ou de perfection, que peuvent exiger les amateurs.

On n'a donc eu en vue que de présenter un tableau approximatif, afin que chacun puisse regler ses demandes sur la dépense qu'il entend faire; mais l'augmentation excessive des matières premières, et la hausse considérable de la main-d'œuvre, nous obligent aujourd'hui à refaire notre Catalogue de 1801. L'envie que nous avons de ne pas trop éloigner nos Amateurs de l'amusement des arts, nous engage à y mettre la plus juste balance.

Nous nous sommes attachés le plus possible à suivre notre Manuel du Tourneur, pour mettre les Amateurs à même de connoître et de voir les pièces dont nous leur donnons la valeur.

Nous les engageons aussi à faire toutes leurs demandes sur le Manuel, en nous indiquant le numéro de la planche et celui de la figure, chaque pièce y étant bien gravée.

Prix du Manuel du Tourneur.	francs.	cent.

Le premier volume 432 pages
et 30 planch. dont huit enluminées 18

Le second vol. 500 pag. et 42
planches, l'un et l'autre brochés, . 30   48

La boîte et emballage.   2

Le même, en papier fin, très-
proprement relié en veau et toutes
les planches réunies en un vol. .   60

La boîte et emballage.   2

Les frais de transport sont au compte de l'ac-
quéreur.

Ferrures de Tour, seules.

Les vis à la romaine, ou boutons à
œil et vis à écroux pour fixer les poupées à l'établi, sont de diverses qualités
et grosseurs.

	francs.	cent.
Vis ordinaires de 6 pouces.	2	25
Idem de 7.	2	50
Vis plus fortes de 7.	3	
Idem de 7 et demi	3	50
Idem de 8.	4	
Vis fines, tournées, fortes, 7 pouces .	4	

		francs.	cent.
Idem	8 pouces	4	5o
Idem fortes à anneaux ovals 8 p. . .		6	
Idem 9 p.		7	

Paires de pointes ordinaires.

Les deux pointes de tour dont une à vis et une avec écroux à six pans, simples.

	francs.
Les petites de 9 lig. la paire . . .	9
Les moyennes de 9 à 11 lig. . . .	12
Les fortes de 12 lig.	15

Paires de pointes fines.

	francs.
Les petites de 9 lig. la paire . .	12
Idem 10 lig.	14
Idem 11 lig.	16
Idem 12 lig.	21

Paires de pointes très-fines et fortes.

Les pointes à vis coupées sur le tour.

	francs.
Les pointes de 12 lig.	27
Idem à tourner le fer 14 lig.	35
Idem 16 lig.	45
Idem très-fortes 18 lig. et longues . .	60

Les ferrures du support à chaise, voyez le manuel du tourneur tom. 1er. pl. 4, fig. 27, consistant en un boulon rond et son écrou (fig. 27 a) tez

	francs.	cent.

de travers et son écrou, fig 29. Le
grand boulon et son écrou à oreille,
fig. 28

	francs.	cent.
Les 3 pièces pour les plus petits et les plus simples	12	
Idem plus fortes	15	
Idem tournées, bien faites, moyenne grosseur	18	
Idem mais plus fortes	24	
Idem très-fortes pour support en fer .	30	

Ferrure de support de tabletier
(pl. 17 fig.1re.) avec le boulon de dessous, qui sont les plus simples

	francs.	cent.
Les plus petits	12	
Les moyens	15	
Les fins avec balustre en fer tourné.	30	

Ferrure de support de tabletier, ajustée
sur un support à chaise, consistant
en une ferrure en forme d'étrier, ajustée à charnière sur la lame à gauche,
un boulon rond, et le grand tez de
dessous, à oreille.

	francs.	cent.
Les petits et les plus simples sans clef.	21	
Les moyens	27	
Les forts avec charnières bien faites et clef.	30	

Support à l'anglaise (pl. 15 fig. 6,
tome 2) dont la barre de traverse (a) et
la partie du devant (c) sont tout en fer
et à charnière, ayant facilité de monter et descendre à volonté , en des-
serrant l'écrou à chapeau (b), mais
la barre de dessus sans être fendue.
Le petit avec le boulon de dessous. . | 35
Les forts . . . . | 45

Ceux tout semblables à celui représenté sur la planche 15, fig. 6 avec
le crochet , fig. 7 , sans boulon de
dessous . . . . | 5o
Les grands . . . . | 6o
Ces derniers sont pour tenir l'outil
lorsque l'on veut tourner l'oval.

Ferrure de lunette.

Les ferrures de lunette, (tom. 1er.
fig. 9) la lunette en cuivre, son
boulon et la vis à la romaine pour la
fixer à l'établi, les trois pièces en-
semble.

La lunette de 5 p. 3 lig. à 10 trous
et sa ferrure . . . . | 20
Celle de 5 p. 6 lig. à 11 trous. . . | 24
Celle de 5 p. 9 lig. à 12 trous . . . | 27

	francs.	*cent.*

Idem , celle de 6 p. 6 lig. à 12 trous , ferrure forte. . . . . | 3o

L'on peut varier de 2 ou 3 fr. en moins sur les deux dernières sortes, suivant la force et le fini des ferrures.

———————

Les lunettes en fer qui sont bien supérieures pour l'usage, en ce qu'elles ne noircissent pas l'ouvrage comm celles de cuivre, et ne se creusent pas lorsqu'on à tourné des métaux, les moyennes de 5 p. 6 lig. à 6 p. 10 trous, ferrures très fines . . . . | 6o

Les grandes 6 p. 6 lig. à 7 p. 12 trous. | 72

———————

Les arbres de Tours.

Cet article est sujet à beaucoup de variation pour les prix ; leur longueur , leur force , leur perfection , le nombre des pas de vis et la netteté sont autant de différence pour les prix , nous les détaillerons cependant le mieux possible.

———————

Arbre de tour sans autre pas de vis que ceux du nez et un contre le 6 pans

	francs.	cent.

pour tenir la poulie que l'on nomme bidet.

	francs.	cent.
Les petits avec la vis du bout. . .	16	
Les moyens et id.	20	
Les forts et id.	25	

Arbres de Tours.

	francs.	cent.
Arbre à 3 pas de vis de 10 po. . .	15	
Idem de 12 p.	18	
Arbre à 4 pas de vis de 12 p. . .	21	
Idem 4 pas de vis de 13 à 14 p . . .	25	
Arbre à 5 pas de vis, de 14 p . .	27	
Idem de 5 pas de vis, de 15 p . . .	30	
Arbre à 5 ou 6 pas de vis 16 p .	35	
Idem 6 pas de vis 17 p.	40	
Arbre à 7 pas de vis 17 p.	45	
Idem fort à 6 et 7 pas de vis 18 p. . .	50	
Arbre fort à 7 et 8 pas de vis de 19 à 20 p	60	
Arbre très-fort à 7 et 8 pas de vis 20 à 22 p.	80	
Id. à long colet à 6 pas de v. 22 p. .	60	

Arbre

	francs.	cent.
Arbre idem de 24 p	72	

Nous prévenons que les prix que nous donnons ci - dessus pour les arbres de tour, sont à raison de ce qu'ils sont faits dans nos atteliers, ce qui nous fait répondre de leur précision, l'arbre étant la principale pièce d'un tour, l'on n'y peut porter trop de soins.

Les arbres percés dans toute leur longueur font une différence du double.

Peignes de Tour.

Les peignes se vendent ordinairement par paires, il en faut autant de paires qu'il y a de pas de vis sur le milieu de l'arbre c, d, e, f, g, h, fig. 2, pl. 7, tome 1er.

	francs.	cent.
Les peignes bon ordinaire, la paire	2	50
Idem en bon acier fin, la paire. .	4	50
Idem en acier fondu, la paire. .	6	

Tarraux.

Les tarraux servant à monter divers

	francs.	cents.
plateaux ou mandrains à bois de travers sur le nez des arbres, les plus simples tarraudés à la filière et tout montés	6	
Idem tournés, le pas de vis coupé sur le tour, tout montés	9	
Id. très fins, bien proprement montés	15	

Brides et Charnières de Tour.

Les brides sont des espèces d'étriers en fer ou en cuivre, qui servent à maintenir les poupées du tour en l'air ayant sur leur milieu une vis de pression qui serre les collets ; (fig. 15, pl. 5) en fait voir une ; il y a un boulon qui traverse et dont le bout vient monter à vis dans une des branches, étant d'une seule pièce cela est meilleur marché.

Les charnières (fig. 5 pl. 7 laissent la liberté de démonter l'arbre plus promptement, l'on retire les goupilles (fig. 1 (A), le dessus s'ouvre à charnière et donne facilité d'ôter les collets.

	francs.	cents.
Les brides en fer les plus simples, vis de pression à jour, de 4 pouces, a paire	18	

	francs.	cent.
Idem de 4 p. 6 lig. la paire. . . .	21	
Celles de 5 p. la paire	25	
Idem avec vase en cuivre plein, et celles en cuivre avec vase en fer plein, bien faites de 4 p. . . . la paire . . .	24	
Celles de 4 p. 3 à 4 p. 6 lig. la paire .	27	
Celles très-bien finies, avec vis de rappel ou vase percé à jour, en fer ou en cuivre, 4 p. 6 lig. la paire .	30	
Celles de 5 p. la paire	36	

Charnières.

	francs.	cent.
Charnières en fer les plus ordinaires 4 p. et 4 p. 3 lig.	25	
Celles de 4 p 6 lig. à 5 p. . . .	30	
Charnières demi fines avec vase plein de 4 p. 6 lig.	35	
Celles de 5 p.	40	
Charnières fines, les nœuds tournés à la fraise, bien ajustées avec vis de rappel ou vase en cuivre percé à jour 5 p.	50	
Idem de 5 p. 6 lig	60	
Idem très-fortes très-bien finies 6 p. .	90	

Tours Montés.

Nous observerons que rien n'exige
tant de soins et de précision qu'un
tour en l'air, beaucoup d'ouvriers qui
travaillent en bois, veulent entre-
prendre d'en monter et réussisent
fort mal. Il s'y trouve souvent du
gauche dans les côtés, l'arbre ne se
trouve pas dans son aplomb, il est dur
à faire mouvoir, et l'amateur ne peut
rien faire de juste, ce qui fait qu'avec
beaucoup de dépense, on finit par ne
rien avoir de bon.

Lisez, sur ce, la seconde partie du
premier volume du manuel du tourneur, page 170 et suivantes.

L'usage que nous avons depuis long
temps de faire ces sortes d'ouvrages,
nous a mis à même d'en connoître
les défiauts, c'est même ce qui nous
a engagé depuis long-temps à avoir
des atteliers chez nous, pour être
à même d'apporter à nos travaux les
plus grands soins.

Les prix des tours sont variés à l'in-
fini, tel que l'on peut se l'imaginer

par la variation des ferrures qui entrent dans leur construction, néanmoins nous donnerons les prix assez détaillés pour que les amateurs puissent voir à regler leur dépense, nous suiverons dans les prix, les pièces décrites et gravées dans notre manuel du tourneur, afin que l'on puisse connoître les noms et l'usage de chaque pièce qui compose ou assortit un tour, et en connoître le plus possible la valeur.

Tour en l'air.

	francs.	cent.
Un tour en l'air, sans pas de vis ou bidet, avec son support et sa clef, monté en bois d'orme, les moyens . .	75	
Idem fort	90	

Nous observerons que tous ces bidets, ainsi que tous les tours dont nous donnons les prix sont garnis de vis à la romaine pour les fixer à l'établi.

Tour en l'air avec pas de vis.

Petit tour en l'air à 3 pas de vis de 10 à 11 p. de long avec le support,

francs.   cent.

les peignes, et la clef, monté en bois
de noyer . . . . 95 } 150
Les 2 poupées à pointes et support . 30
La poupée à lunette 25

___

Un dit un peu plus fort, l'arbre à
4 pas de vis 12 à 13 p. de long,
support, peignes et clef 120
Les deux poupées à pointes avec
le support . . . . 35 } 180
La poupée à lunette 25
Le tout monté en bois de noyer.

___

Un tour en l'air à 4 ou 5 pas de
vis, de 14 pouces de longueur le support, les peignes, clef et poulie . 150
Les poupées à pointes demi fines et la
barre de support . . . . 40 } 220
Une poupée à lunette 30

___

Un même assortiment, l'arbre plus
fort, 5 ou 6 pas de vis, les ferrures fortes
et bien finies, support, peignes, pou-
pées à pointes et poupée à lunette. . | 250

Nous observerons que les quatre
assortimens de tour dont nous ve-
nons de donner les détails, sont
montés avec des brides en cuivre ou

en fer bien faites ; si aulieu des brides
on vouloit des charnières cela feroit
augmentation de 10 à 24 fr. suivant
la force du tour

Tours plus fins.

Un tour en l'air avec son arbre,
bien fini, 6 ou 7 pas de vis, monté
avec charnières en fer fin avec vis
de pression à rappel ou avec vase
en cuivre, percé pour l'huile, le sup
port, les peignes en bon acier, et la
clef 250

Une forte paire de pointes très-fines
avec un écrou en cuivre, les quatre
vis des mantonnets en fer à jour avec
les écroux en cuivre 8,

La poupée à lunette avec sa lunette
en fer, ferrure fine, et rondelle . 84

Une poulie avec sa plate-forme divisé
et son alidalle 48

Un mandrain à vis, un à plaque,
un tarrau et sa mêche, semblable
au nez du tour 34

Le tout parfaitement monté en beau
bois de noyer poli à l'anglaise.

500

Nous observerons que sur les autres tours détaillés plus haut ; l'on peut aussi y ajuster des plates-formes exac'ement divisées et leur alidalle, ce qui est extrêmement commode et utile, lisez la page 3a1 du 2e v. du Manuel.

Les plates formes biens divisées avec l'ali alle, coûtent suivant la force du tour :

	francs.	cent.
Les petites ajustées sur la poulie. .	30	
Les moyennes	40	
Les grandes	50	

Si, sur ces tours, l'on vouloit des arbres percés, il faudroit ajouter, suivant la longueur des arbres, la différence du prix porté plus haut à l'article des arbres.

Tours très-fins.

Un tour, l'arbre à 6 ou 7 pas de vis, percé dans toute sa longueur, charnières fines avec une double poulie en cuivre portant sa plateforme divisée, son alidalle, vis à la romaine tournées à anneau oval, avec rondelle en fer, le tout

le tout très-bien fini, un mandrain, \
un Tarreau et mèche . . . . . .500 \
Les deux poupées à pointes dont celle \
à vis fortes le filet coupé sur le retour \
avec écroux de cuivre, mentonnet et \
ses vis de pression en fer, avec écroux \
de cuivre, des mieux finies 100

Une grande poupée à lunette, la \
lunette en fer, rondelle de cuivre, \
ferrure très-fine 100

Le support à chaise avec ferrure \
très-fine, les peignes du tour en acier \
fondu d'Angleterre.

Le tout parfaitement monté en \
beau bois de noyer poli à l'anglaie, \
garni de baguettes en cuivre, le tout.

Si l'on vouloit un de ces tours com-\
plet, monté en bois d'acajou ou autre \
bois des îles, comme ce bois exgige \
encore plus de perfection pour le \
fini, cela couteroit 100 -- 150 -- 200 \
et 300 fr. de plus.

Les tours qui ont des charnières \
on peut y monter des ovales, épicy-\
cloides, excentrique et tout autre \
mandrain, etc. La pl. 12, tom. 2, fait \
voir un tour très-complet, et toutes

francs. cent.

700

3.

les pièces que l'on peut y ajuster ; nous allons en donner les prix par ordre, afin qu'en voyant les pieces, pouvant en connoître l'usage par la description faite dans le manuel, on les puisse demander avec connoissance ; desirant conserver la réputation que notre maison a acquise, nous en suiverons toujours l'exécution avec le plus grand soin.

Etablis de Tours.

	francs.	cent.
Un établi de tour en bois de hêtre, de 4 p. de bonne proportion	60	
Un dit de 4 p. et demi	75	
Un dit de 5 pieds	90	
Établi en orme, mieux fini 4 p. .	70	
Un dit 4 pieds et demi.	90	
Un dit 5 pieds	110	
Établis en bois de noyer, les plus simples de 4 pieds	100	
Idem de 4 pieds et demi	120	
Idem de 5 pieds	150	

Si l'on vouloit que les établis soyent montés avec des boulons tournés à tête noyée sur le dessus de l'établi,

	francs.	cent.
pour tenir, les pieds il en couteroit en sus	18	
Un fort de 5 p. de longueur sur 20 po. de large en bois de noyer, garni de boulons à vis à tête noyée avec sa pédale montée entre deux pointes, une ralonge mouvant au moyen d'un boulon	200	
Un idem de 5 pieds à 5 p. et demi de longueur, 24 pouces de large, forte pédale, boulons et ferrure fins, polis à l'anglaise, et en bois très sec et très beau	300	

Potences pour porter les arcs.

	francs.	cent.
Deux potences en bois d'hêtre ou chêne, carrées unies, avec les vis à la romaine et barres de traverse, les plus ordinaires	45	
Idem de quatre pieds et plus fortes .	50	
Deux Idem plus fines en bois de noyer, carrées, cannelées, avec vis et barre de traverse	75	
Deux idem, fines rondes et cannelées, avec belle base attique, polie à l'anglaise, forte vis à la romaine.	100	

	francs.	cent.
Deux potences en fer de 3 pieds et demi, avec barres de traverse en fer .	150	
Deux idem plus fortes, de 4 pieds, avec la traverse	250	
Deux potences en fer très-fortes, avec fortes bases attiques, en cuivre, de 4 pieds 3 p°. de hauteur, la traverse en fer, forte, les écroux des bouts en cuivre, le tout très-bien fini	350	

Des Arcs.

	francs.	cent.
Arcs simples en sapin à trois ou quatre lames, chape simple pour fixer à plat au plancher	15	
Idem avec chape en bois à boëte, cylindre en buis	18	
Idem à cylindre en cuivre, chape en bois avec bride de fer, lames arrondies	25	
Idem avec les bouts et les cylindres en cuivre boîte en bois avec bride de cuivre	30	

Arc fin à quatre lames, arrondi

	francs.	nt.
sur les champs , les bouts , chapes et cylindre en cuivre , monté avec boulons bien faits , chapes en bois , bride en cuivre , bien fini	36	
Idem très-bien fait, avec la chape et le vase de dessus en cuivre , le tout très-bien fini	75	
Arc simple tout en acier	36	
Idem à boîte , à vis de rappel pour tendre l'arc à volonté et sa clef . .	72	
Arc d'acier à quatre lames, trempé , avec toutes les garnitures en cuivre.	150	

Roues de Tours

Il y a différentes sortes de roues, les unes sont en bois, pleines, avec un leste, ce sont les plus simples, et pour leur donner plus de poids, on les garnit d'un cercle en plomb, d'autres en plomb avec croisillon en fer, elles ont plus de chasse. Il y a aussi différentes manières de les monter ; les unes se posent en desous , comme on le voit pl. 17 tom. 1er. ce qui ne peut servir qu'au tour en l'air simple ,

que l'on ne bouge pas de place.
il y a encore diverses façons de placer
les roues de volées ; les unes en
dedans du pied comme celle que
je cite ; les autres en dehors qui
sont plus commodes, en donnant plus
d'avantage à l'artiste et plus de jouis-
sance pour son tour : Pour les tours
composés de rampant, de rosette à
profiller ou à guillocher, il est plus
commode que la roue soit en desnss
tel qu'on le voit pl. 12, tom. 2 ;
nous en donnons les prix de l'une
et de l'autre.

	francs.	cent.
Roue pleine en bois, assemblée en cinq parties et son arbre pour mettre en dedans des pieds, les plus simples	60	
Si cette roue étoit garnie d'un cercle de plomb de 30 à 40 l. pour lui donner plus de volée, elle couteroit de plus .	30	
Pour l'ajuster à l'établi, avec un pied isolé	10	

Une idem garnie d'un cercle en
plomb, montée sur un arbre à deux
embasses, et sur l'autre bout de cet
arbre, une double poulie à jour, avec

sa manivelle, le tout ajusté dans des collets, sur une boëte montant à coulisse, au moyen d'une vis de rappel en bois, le tout   120

____

La même, mais la roue de volée en plomb avec le croisillon de fer, une poulie double à jour, manivelle à colier de cuivre   160

____

Si on vouloit la vis de rappel en fer au lieu d'être en bois, cela couteroit de plus   15

____

Roue montée sur un pied à colonne pour mettre en-dessus de l'établi, la colonne à lanterne et vis de rappel en bois, comme celui de la plan. 21, tom. 2, la roue de volée en plomb, croisillon en fer, la double poulie en bois à jour   200

____

Idem, mais à colonne carrée cannelée, le chassis à coulisse en fer, la chap. portant (l'arbre) en cuivre comme celui de la p. 12 tome 2 , avec un fort boulon à écrou, une poulie double en bois à jour, ...   350

Idem mais la colonne ronde cannelée avec base attique, la double poulie en cuivre, le boulon avec cremailler pour le tirage de la corde, la colonne en noyer, polie à l'anglaise bien finie 400

Si l'on vouloit la roue de plomb doré et vernis, en plus 50

Roues à bras.

Roue à bras à peu près de la même forme que celle fig. 7, pl. 5, tom. 1er. de 4 pieds de diamètre, en bois d'hêtre ou chêne avec un cercle pour la corde. 200

Une idem plus fine de 4 pieds ou 4 pieds et demi, en bois de chêne, le patin ferré d'une forte paire de bride en fer, avec deux cercles, pour deux places, de corde de divers diametre, des collets en métal dur, et la manivelle 250

Une idem très-bien finie, toute en bois de noyer, ferrure fine, trois places de corde de divers diametre ; la grande roue de volée gar-

	francs.	cent.

nies de plomb pour lui donner de la volée, deux manivelles et un patin avec une vis en bois pour tendre la corde. **400**

Nous allons donner les prix par ordre des mandrains et autres pièces qui peuvent se monter sur le tour, nous nous attacherons à celles gravées sur la pl. 12, to. 2 du manuel.

Mandrains.

Mandrains à vis (ou queue de co-chon) montés sur plaque de cuivre, les vis d'acier coupées sur le tour, les moyens **5**
Les grands **6**

Mandrains idem tout en cuivre, fig. 11, à vis d'acier, les plus petits. . **8**

Les moyens **10**

Les forts **12**

Les très-forts, au-dessus de l'ordinaire. ; **15**

Mandrins à gobelets fig. 12, de 15 lig. intérieures **6**

	francs.	cent.
Mandrain idem de 18 lig........	9	
Idem de 24 lig...........	12	
Idem de 30 lig...........	15	
Idem de 36 lig...........	18	
Idem de 42 lig...........	21	
Idem de 48 lig...........	25	
Mandrains à plaques, fig, 9, pl. 7, tom. 1er. de 3 pouces de diametre.	15	
Idem de 4 pouces	18	
Mandrains à caré, fig. 13, pl. 12, tom. 2 , garnis de six mèches à cuiller (A).............	25	
Idem garnis de douze mèches dont six à cuiller (A) et six à queue de renard (B).............	45	
Mandrains carrés garnis de douze mèches comme ci devant , plus une pointe conique en acier, pl. 8 fig. 4, tom. 1er, et une pointe à lame , le tout vaut.............	54	

La pointe à lame est pour servir
lorsque l'on veut tourner une pièce
entre deux pointes , qu'elle est courte
et que l'on veut laisser la corde sur la

	francs.	cent.
bobine du tour en l'air ou sur la poulie.		
Mandrain à coussinet, chassis rond ou carré fig. 8, pl. 12 tom. 2. avec deux paires de coussinets de rechange et la clef, les moyens.	35	
Les grands	45	
Mandrain à coussinet, tout en cuivre et acier les coussinets ajustés à équerre, et bien supérieurs à ceux ci-dessus, moyens.	85	
Les forts et très-bien faits	100	

Mandrains universels.

	francs.	cent.
Mandrains d'un genre nouveau pour tourner des plateaux d'huiliers, porte-liqueur, ou autres pièces unies, avec lequel l'on a la facilité de tourner des plateaux minces, de tel forme et grandeur qu'ils se trouvent, pourvu qu'ils soient de 10 à 12 lig. plus petits que le plateau, avec deux paires de griffes d'acier, de 8 p. de diamètre.	80	
idem de 10 pouces de diamètre . .	100	
idem de 12 pouces	100	

	francs.	cent.
Mandrains à quatre machoires fig. 7, pl. 12, tom. 2, moyens	100	
Les grands.	120	
Idem avec machoire et vis de rappel en acier et les bouts b, b, b, b, de ces vis, au lieu de déborder le plateau de la longueur du carré sont percés et mandriné, d'un trou carré, ce qui est plus commode, et n'est pas sujet à accrocher, les moyens, bien finis	140	
Idem à quatre machoires, grands et bien faits	150	
Mandrains à éteau, fig. 6, même pl. de moyenne force	110	
Idem, mais mieux finis, les machoires, les vis de rappel en acier, les carrés de vis percés et mandrinés, d'un trou carré moins sujet à accrocher les mains, vaut	150	
Mandrain pour faire les torces fig. 3, même planche, moyen	15	
Idem plus fort et plus long . . .	20	
Poupées à couteau pour servir audit mandrain, fig. 2, les plus simples.	25	
Celles idem faites comme celles re-		

	francs.	cent.
présentées fig, 2, qui sont les mieux, bien finies avec division	35	

Rampans.

	francs.	cent.
Le rampant le plus simple, qui est celui fig. 9, pl. 10, qui est en bois dur garni d'une plaque de fer . .	15	
Le même tout en cuivre	30	
Le rampant à charnières, pl., 11, fig. 7 et 8, qui est le plus commode, le moyen	50	
Idem plus grand avec deux quarts de cercle	70	

La planche 10 fait voir que l'on peut monter sur le derrière de l'arbre du tour, outre la torce et le rampant, autres rosettes pour divers courbes, tel que celle fig. 10, 12, 14, 25 et 26, celles 14, 25, 26 servant à guillocher, doivent avoir une monture à division, fig. 4, lisez page 108, chap. 5 du 2e. vol.

Nous parlerons de ces pièces après l'article des ovals.

	francs.	cent.
Il faut avec le rampant et les autres courbes et rosettes, une poupée à fourchette portant une molette, les plus simples valent	40	

Celles mieux faites, tel qu'on les

voit derrière le tour , fig. 1 , B même planche vaut . . . . | francs. cent.
    6

Celles à vis de rappel, divisé fig. 16, pl. 10 avec deux molettes de diverses grandeurs , une touche d'acier très-bien faite toute montée   120

Ressorts.

Il faut aussi pour ces sortes de pièces des ressorts ajustés derrière le tour, tels qu'est celui représenté pl. 10 et 11. Les plus simples valent   3

Ceux comme celui fig. c avec vis de rappel F et à charnières . . .   5

Pièces à tourner l'oval.

Depuis l'impression de notre manuel, nous avons établi dans nos atteliers pour répondre aux vues de nos amateurs qui désirent tourner quelque pièce oval, et dont les tours souvent ne sont pas disposés pour cela , et ne veulent pas s'assujétir à monter ou démonter cette pièce de dessus leurs tours lorsqu'ils ne s'en servent que rarement, ou qui ne veulent pas envoyer leur arbre ou leur tour : une seule poupée isolée , portant un oval à la française (nommée par le père Plumier, Tabarin) au moyen de laquelle on peut tourner l'oval, il suffit d'envoyer pour l'accorder au tour que l'on a déjà, 1°. le modèle exact du nez de l'arbre fait en buis ou autre bois dur ; 2°. la hauteur juste du centre du tour ; 3°. la largeur juste de la rainure de son établi, ces ovals produisent un alongement de 15 à 18 lig. autant qu'un oval à l'anglaise de 7 po. de plateau.

	francs.	cent.
Cette pièce toute ajustée sur sa poupée, prête à marcher	170	
Idem un peu plus fort et mieux fini	190	

Oval à la française.

L'oval à la française, que nous avons simplifié et que nous fesons monter sur un tour en l'air à pas de vis, est celui dont nous parlons pl. 15, fig. 2 et 5, ajusté sur un tour que l'on auroit, si l'arbre le permet, c'est que pour le monter il faut que l'arbre que l'on a déjà soit susceptible d'être percé dans toute sa longueur. Cette pièce seule . . . . | 400 |

	francs.	cent.
Idem. Pour un tour plus fort . .	500	

Nous observons que dans ces prix, nous nous chargeons de percer l'arbre que l'on nous enverroit.

Nous fabriquons de petits tours en l'air, l'arbre de 14 à 15 po. à 4 pas de vis qui sont très-commodes, vu leur légèreté qui leur donnent la facilité de tourner des pièces délicates qui sont susceptibles de recevoir tous autres mandrains; un de ces tours tout monté conséquemment l'arbre percé dans sa longueur. L'oval, un support comme celui fig. 6, pl. 15, les peignes, clef et la poulie	500	

Si l'on vouloit un de ces tours plus fort, étant obligé d'être dans lesproportions, et que l'on voulut une plateforme sur la poulie, les charnières et toutes les ferreres plus fines, il couteroit . . . . | 700 |

J'observe que la pièce ovale du premier est aussi juste, quoique moins polie que celle-ci.

L'on sait par la description du

manuel, que sur ces arbres on peut
y monter d'autres pièces , comme
toute espèce de mandrain, excentrique,
torse, rampant, etc. mais qu'il faut
en prévenir, afin que l'on dispose
les arbres en conséquence : quoi que
l'on n'ait pas l'intention , pour l'instant , de demander ces sortes de
pièces.

Des Excentriques , pl. 16.

L'excentrique à boîte, fig. 1 et 2
pour tourner les ouvrages les plus
délicats , tels que la pièce qui est
dans le porte-montre de la pl. 29 ;
avec la partie B en buis ou autre
bois dur, monté à vis dans le corps

	francs.	*cent.*
A de cette pièce, vaut	120	
Si l'on avoit l'arbre et que l'on voulût que la pièce B soit en cuivre, cette pièce vaudroit.	130	
L'excentrique à plateau (fig. 3.) ayant 6 p. de plateau	180	
idem à plateau de 7 p.	200	
idem de 8 p.	225	

L'excentrique , à genoux , fig. 4 , sert le plus souvent pour les tours à guilocher pour bo: bonnieres , forme d'oignon 150

L'excentrique double , fig. 5 , qui exige le plus grand soin dans ses ajustements, et qui est très-compliqué , vaut 400

Ceux très-bien finis , mais dont les vis de rappel (F. D.) en acier, les carrés des vis à fleur du plateau, mandrinés d'un trou carré 500

Nous observerons que pour tous les mandrains, torces, rampans, ovals à la française, excentrique, il est absolument nécessaire de nous faire passer l'arbre du tour , pour les faire dessus, sans cela rien de juste ni qui puisse tourner droit et rond ; le moyen de l'emballer avec sûreté , c'est de l'envelopper d'une feuille de papier gris huilé , et de rouler, bien serré d'une mauvaise corde molle, chaque tour serré l'un contre l'autre et de le mettre dans une boîte ou dans une toile avec de la paille.

Oval à l'Anglaise.

<table>
<tr><td></td><td>francs.</td><td>cent.</td></tr>
</table>

La pièce pour tourner l'oval , pl. 14, fig. 2, dont le nez n'est ni tournant ni divisé , avec la bague fig. 4, qui n'a pas de vis de rappel (C.) et deux oreilles en fer, ajustées sur la charnière du tour : ce qui compose l'oval simple, et dont le plateau à 6 p. vaut   180

Idem avec plateau de 7 p. . . .   205

Oval à l'anglaise, tel que celui représenté fig. 1 et 2, à nez tournant et divisé , avec sa bague, fig. 4, à vis de rappel, un fer à cheval tel que celui qui est ajusté sur la face de la poupée fig. 3 de 6 p. de plateau , tout ajusté sur le tour   270

Le même avec un plateau de 7 p. .   325

Le même avec toutes les pièces bien finies, celle de fer et acier trempé .   400

	francs.	cent.

Epicicloide.

L'épicicloide pl. 17 , avec la bague fig. 2 et 3 , et les pignons, que nous avons encore rectifiés depuis l'im pression du manuel , et nous avons augmenté le nombre des pignons ; puisque celui qui est décrit dans le manuel , ne fait que six boucles , et que ceux que nous établissons main tenant , vont jusqu'à douze , très-bien ajusté et bien fini , vaut **600**

____

Nous prévenons que pour les ovals à l'anglaise , et l'épicicloide dont nous parlons , ceux qui désireroient les avoir, doivent envoyer leur tour en l'air avec l'arbre , vu qu'il y a des pièces à ajuster sur le corps du tour, et qu'il est de toute impossi- bilité d'établir ces sortes de pièces sans avoir le tour.

____

Supports à Chariots.

Comme, avec toutes les pièces com- posées , il est imposible de s'en ser-

	francs.	cent.
vir sans avoir un support à chariot, nous allons en donner aussi les prix.		
Le support à chariot, tel que celui qui est sur le tour fig. 1, pl. 12, dont le chassis paralelle est en fer, le chariot en cuivre, avec les coulisseaux en fer, monté tout en bois de noyer, le petit	150	
Les grands pour forts tours, et six outils	200	
Celui de la planche 13, dont la chaise B en cuivre massif et la semelle en bois garnie de cuivre et six outils doubles	300	
Celui de la planche 31, dont la chaise et la semelle tout en cuivre massif et bien fini, avec 12 outils doubles en acier fondu	400	
Celui de la fig. 4, dont la chaise en cuivre massif, et tournant au moyen d'une vis sans fin, et le chariot à deux mouvemens et douze outils doubles	500	

Supports mobiles.

	francs.	cent.

Le support mobile , représenté pl. 32, fig. 10 , au moyen duquel on peut guillocher sur un tour en l'air comme avec un tour à guillocher, lisez sur ce , chapitre 19 du tom. 2 . . . .

Ce support fig. 10, avec son support à chariot, mais en cuivre , sa poupée , fig. 12 , son ressort droit et accessoires . . . . — 350

Le même, mais la pièce paralelle , fig. 10 , tout en fer et bien ajusté , touche en acier , porte-touche , ressort en serpent et accessoires bien faits. . . . . — 500

Le mandrain à division , fig. 3 , avec quatre rosettes en cuivre . . . — 300

Le même avec six rosettes et le profil. . . . . — 400

Voici donc le détail de tout ce qui peut entrer dans la composition d'un tour complet ; il sera facile à un amateur d'extraire dans chaque partie ce que l'on peut desirer pour fair un tour complet à son idée ; mais nous croyons devoir prévenir que si l'on avoit l'intention d'y faire adapter par la suite des pièces de valeur, il faudroit commencer par se donner un très - bon tour, et nous en prévenir afin que nous le disposions pour cela.

OUTILS.

	francs.	cent.
Les outils de tours de toutes formes bonne qualité et de trois à quatre pouces de longueur, la douzaine .	9	
Idem de 5 p. . . . la d.	12	
Idem de 6 p. . . . la d.	15	
Idem de 8 p. . . . la d.	18	
Idem de 12 p. . . . la d.	24	
Les outils de moulures, à tourner le fer et le cuivre, demi-fins, 6 p. de long, en bon acier. . . . la d. . .	30	
Les outils de tour pour le cuivre,		

	francs.	cent.
l'écaille, l'ivoire, le bois dur , et bien finis, en bon acier fondu, 6 p. de long. . . la d.	42	
Ceux idem, pour moulure . la d. .	45	
Les outils à tourner le fer , en acier fondu , de 8 à 9 p. de long, sans être limés, tels que l'on s'en sert dans les atteliers pour les ouvriers, la douz.	30	
Idem de 12 p. . . . la d.	36	
Ceux de 7 p. en même acier, mais limés et bien polis . . la d. .	48	
Gouges de tour en acier fondu, de 6 p. de long. la pièce	5	
Idem de 8 p. la pièce	6	
Tous les outils de tour avec moulure , suivant les ordres de l'architecture, ne sont pas compris dans ceux ci-dessus		
Les outils pour profiller les balustres, fig. 1 , 2 et 5 , pl. 11 , tom. 1er. de		

	francs.	cent.
12 lig. en acier demi fin, pièce . .	4	
Idem de 15 lig. pièce	5	
Idem de 18 lig. pièce	6	
Ceux très-fins en acier fondu bien finis de 12 lig. pièce	5	
Idem de 15 lig. pièce	6	
Idem de 18 lig. pièce	7	50
Les outils pour profiller les bases et chapiteaux des colonnes de 4, 6, 8 et 10 p. de hauteur, se vendent par paire.		
Ceux en acier demi fin, pour l'ordre Toscan, pl. 18, tom. 2, fig. 1. la paire	7	
L'ordre dorique, fig. 2, avec chapiteau de la fig. 2 ou 3, à volonté, la paire	9	
Les mêmes, mais en acier fondu, bien finis, avec division, comme ceux gravés pl. 25; tom. 2, ordre Toscan	9	

	francs.	cent.
Idem de l'ordre dorique	12	

On se sert souvent dans l'ordre dorique de la base attique, soit pour faire la base d'une colonne , soit pour un piedestal, comme celui pl. 12, tom. 1er., fig. 2 ; cet outil se vend séparément.

	francs.	cent.
En acier demi fin pièce	7	

	francs.	cent.
En acier fondu , bien fini pour colonne de 6 à 7 p.	8	
Pour idem de 10 à 12 p. . . .	10	

Pour se procurer ces sortes d'outils, il suffit de donner par écrit la longueur des colonnes que l'on veut faire.

Manches.

	francs.	cent.
Les manches d'outils, en bois de noyer, ordinaires, la douzaine . .	3	

	francs.	cent.
Idem mieux faits, avec forte virole en cuivre ou en fer, la douz. .	5	

	francs.	cent.
Idem en palixandre et autre bois des îles, la douzaine	9	

	francs.	cent.
Idem en bois d'ébène, bois de la Chine, ou autre bois très-dur, les viroles en fer ou en cuivre, très-fortes, les manches très-bien finis, petits et moyens, de viroles de 4 à 8 lig.	12	
Les gros de 9 à 12 lig. de diamètre de virole, la douzaine	15	

Les viroles pour manches en cuivre ou en fer, soudées de 6 lig. de hauteur, assorties de 4 à 8 lig. brutes la douzaine . . . .   **2** | **50**

Idem de 6 lig. de hauteur de 9 à douze lig. la douzaine . . .   **4**

Viroles de cuivre ou en fer, fortes de 10 lig. de hauteur toutes tournées et polies, assorties de 4 à 8 lig. de diametre, la douzaine **4**

Idem, même hauteur, mais de 9 à 12 ligne de diametre, la douz. .   **6**

Nota. Les viroles de 10 lig. peuvent se couper pour en faire deux dans une.

Cercle en cuivre pour soutenir les

	francs.	cent.
mandrains de bois pour le tour, par assortiment de 1 à 3 p., l'arsortiment de 6 cercles	7	
Idem de 1 à 4 po. de 12 pièce . .	15	
Viroles fortes pour mandrains brisés, de 9 lig. de hauteur et 18 lig. de diamettre, la pièce	2	
Idem de 24 lig. de diamettre, petit côté	2	50
Idem de 30 lig. de diamettre . .	3	
Ratelier pour placer les outils, en bois d'Hêtre, le pied		90
Idem en bois de noyer, le pied. .	1	25
Idem en bois d'acajou, le pied. .	3	
Ratelier dont toutes les denticules sont mobiles, pour classer les outils par ordre (nommé ratelier à coulise) fait en bois de noyer, le pied . .	3	50

	francs.	cent.
Idem en bois d'acajou	6	
Corde de boyaux, pour le tour , par paquet de 3o pieds de longueur et de une lig. de grosseur , le paquet	3	
Idem de 2 lig.	4	
Idem de 3 lig.	5	
Idem de 4 lig.	6	
Crochets pour joindre les deux bouts des cordes pour les roues , de 1 et 2 lig. la paire	2	
Idem plus forts , 3 et 4 lig. . . .	2	25
Idem pour les cordes de chanvre, dont le pas est à gauche, et forts pour les roues à bras , la paire	6	
Molettes en acier pour gaudronner à perle , à corde . brété, épi de blé , les petites , la pièce		75

	francs.	cent.

Idem moyennes . . . . | 1 |

Idem fortes . . . . | 1 | 5o

———————

Idem à dessins divers tels qu'ozier, palmette, red cœur, écaille de poisson , entrelas , feuillages et autres dessins à 2 , 3 , 4, 5 et 6 fr. pièce.

———————

Les chappes de molettes, les plus simples. . . . . | | 75

———————

Idem pour monter à volonté diverses molettes (ou monture universelle) avec manche simple . . . . | 4 |

———————

idem demi fine avec manche à étui. . . . . | 6 |

———————

idem ouvrant paralellement , bien faites , plusieurs vis de rechange , manche fin à étui ;   le tout bien fait. . . . . | 12 |

———————

Les haches affutées et emmanchées , pour fendre et débiter , petite . | 3 |

———————

idem moyenne. . . . . | 4 |

	francs.	cent.
idem forte	5	
idem très-fortes	6	
idem fines, les manches en bois des îles ou en beau cormier, moyennes	12	
idem fortes	15	
Les planes ordinaires emmanchées, mais bonne qualité longueur du tranchant seulement, le pouce . . .		20
idem très bonnes, toutes d'acier, montées en bois des îles, de 5 à 6 p. de tranchant.	4	50
idem de 7 à 8 p. la pièce . .	5	50
Les fers à souder l'écaille les plus petits, plats	3	
idem ronds	4	
idem moyens, plats, 4 fr., ronds. .	5	
idem forts, plats, 5 fr., ronds . .	6	

Pour les avoir avec une vis, pour les tenir fermés, 2 et 3 fr. de plus par pièce, suivant leur force.

	francs.	cent.
Scies montées en fer, pour débiter l'ivoire et le bois dur (nommées scies de tabletier) avec lame d'Allemagne de 15 p.	12	
idem de 18 p.	15	
idem de 20 à 21 p.	18	
idem fines avec machoires à vis de rappel pour tendre la lame, les lames bien choisies	24	
idem avec lame d'acier fondu . .	30	
idem très-fines avec lame d'acier fondu, rodées et égalisées	40	
Etau parallelle tout en bois, pour débiter les bois, les machoires garnies en acier et taillées, manivelle de la vis en fer ; les moyens	35	

idem mieux finis, la tête de la vis

	francs.	cent.
garnie d'une forte virole en fer, et fort	5o	

Filières en bois.

	francs.	cent.
Les filières en bois ordinaire avec leurs taraux, seulement de 3 à 5 lig. valent pièce.	3	5o
Celles idem, de 6 à 21 lig. valent chaque lig.		75
idem de 24 lig. pièce	24	
idem de 3o lig. pièce	33	
idem de 36 lig. pièce	42	
Filière en bois ordinaire, mais avec deux V de 10 à 21 lig. chaque lig. .	1	
idem de 24 à 36 lig. .	1	25
Filières en bois très fines, et brisées comme celle représentée pl. 22, fig. 2 et 3, bien montées en bon bois dur ajustées avec boulons et contre-plaque, son tarrau et son essai, servant de calibre; par demi lig. de 2 à 5 lig. pièce	10	

	francs.	cent.
idem sans être brisées, à tarraut creux, fig. 11 et 12, de 6 à 16 lig. ; chaque lig..	1	50
idem mais avec deux V fig 6, de 18 à 30 lig. la lig.	2	25

Toutes les filières fines sont montées en très-beau bois de cormier, très-sec, toutes bien proportionnées pour leur force; il y a sur chaque filière fine un essai dont le haut A fig. 1, sert de calibre pour la grosseur à laquelle doit être tournée la vis que l'on veut faire.

Nous avons omis, dans notre manuel du tourneur, une précaution à prendre pour faire de bonnes vis de bois, et pour suppléer aux qualités qui peuvent manquer au bois.

C'est lorsque le cylindre est tourné à sa grosseur juste, de bien l'emprégner d'huile de lin, de le laisser cinq ou six heures se ressuier, le frotter fort entre deux pointes avec du papier gris, puis le savoner.

	francs.	cent.
Mêche à 3 pointes à l'angloise, de deux à 8 lig. la pièce . . .	1	25
idem de 9 à 20 lig. chaque lig . .		15
Pour les filières de 15 à 30 lig. nous ferons des mèches à vis à peu près comme celles fig. 13 et 14, qui au lieu d'être évuidées du milieu, sont pleines ce qui les rend plus solides, et sont moins sujettes à tordre ; expérience que nous avons faite depuis l'impression de notre manuel ; elles valent, toutes proprement montées, avec leur tourne-à-gauche, chaque lig.		75

Meules montées.

	francs.	cent.
Petites meules de 12 p. montées dans un auge simple gaudronnée, sans pieds.		25
Celles de 13 p.		30
idem même forme, mais l'auge garnie en plomb, la pierre de 12 p.		35

Autres idem, même grandeur, cou-

	francs.	cent.
vertes de chapiteau, l'arbre tournant sur des collets, toute la boîte garnie en plomb, et ferrée d'équère au pourtour ; le tout bien ajusté	45	
Autres idem, dont l'auge est simple, montée sur des pieds, bien mastiquée, à l'épreuve de l'eau, avec une meule de 15 p. l'arbre fort ..	35	
idem plus grande, la meule de 18 p.	45	
idem, mais à chapiteau, ferrée d'équère au pourtour, toute la boîte garnie en plomb, l'arbre tournant sur des collets, la pierre de 15 à 16 p.	60	
Une idem bien faite, plus grande, ferrure plus forte, une douille de cuivre pour nettoyer l'auge, une chape en cuivre avec un cuir à boucle pour faire mouvoir la pédale, la pierre de 18 p.	90	
Une idem montée tout en bois de noyer, toutes les ferrures en cuivre, parfaitement bien ajusté	150	

	francs.	*cent.*

Nous observons que toutes les meules dont nous donnons les prix, sont montées par nous, toutes les pierres bien choisies, soellées en plomb, tournées et dressées sur leur arbre, toutes bien montées dans des auges en bois de chêne bien assemblé. Que le plus grand nombre de celles qu'on vend ailleurs, à bien meilleur marché, sont montées sur de très-petits arbres très-minces, arrêtés avec quelques petits coins de bois seulement ; les auges très-mal faites, en mauvais bois de bateau barbouillé de rouge, souvent en mauvais bois de sapin.

	francs	cent.
Pierre à l'huile de Lorraine, taillé au hasard ; valent la livre . . .	1	50
Idem choisie, écarie et dressée .	2	50
Idem du levant, bonne qualité la livre	6	
Idem bien choisie, écarie et bien dressée sur toutes faces	8	

Il en coute pour monter ces pierres en bois de noyer, 2 et 3 fr. par pièce, suivant leur grandeur.

Les affiloires pour lames fines, comme lancettes, canifs, outils fins ; bien taillés, grains très-fins, se vendent l'once 75 cent. à **1 25**

Les affiloires en pierre d'Angleterre, sciés, dressés arrondis et tout préparés pour les gouges et autres outils de moulures ; pièce **2**

Idem en pierre de Loraine, les moyens. **3**

Mastic à froid, pour le tour, la livre **2**

Mastic ou ciment à la cuiller, rouge ou noir, la livre. **50**

Bois des îles pour le Tour.

Nous donnons les prix de ceux que nous sommes encore à même de pouvoir fournir pour l'instant.

	Francs.	cent.
Boîte de racine de buis, toutes ébauchées pour tabatières, assorties, la douzaine de boîtes	12	
Idem , mais choisies et grandes .	15	
Les très grandes seules	18	

Les amateurs éprouvent en achetant des bois dans divers magasins, où on les tient à la cave, ou autres endroits très-froids, le désagrément de l'avoir tout fendu au bout de quelques jours, pour éviter cela les nôtres sont dans des magasins élevés et très-secs.

Bois des îles.

PLANCHE 26.

		Francs.	cent.
Buis d'Espagne,	fig. 1..		50
Bois de palixandre	fig. 2..		75
Bois de violette ;	fig. 3..	1	
Bois d'ébène-maurice	fig. 4..		80
Idem gros peu fendu ,	fig. 4..	1	25
Bois d'ébène de Portugal,	fig. 5..	1	50
Idem ébène verte ;	fig. 6..		60

		francs.	cent.
Idem rose,	fig. 7 .	1	
Idem grenadelle ;	fig. 8 .	1	25
Idem gaillac jaune	fig. 9 .		6o

Pl. 27,

		francs.	cent.
Idem gaillac,	fig. 1 .		6o
Acajou dur ;	fig. 3 .	1	
Noyer de la Guadeloupe	fig. 5 .		6o
Amaranthe ;	fig. 6 .		75
Cèdre ;	fig 7 .		75
Sandal citrin ;	fig. 8 , 5 fr. et .	6	

Pl. 28,

		francs.	cent.
Sassafras	fig. 1 .	3	
Satinée ordinaire ;	fig. 2 .		5o
Idem jaune ou citron	fig. 3 .		75
Idem rouge ;	fig. 4 .	1	
Idem coco ;	fig. 5 .	1	
Idem manceniller	fig. 6 .		6o
Bois de corail , damassé	fig. 8 .		75
Idem de perdrix		1	

Pl. 29,

		francs.	cent.
Chinne veinée,	fig. 1 . .	1	25
Chinne mouchetée	fig. 2 .	1	5o
Amourette	fig. 2 . .	1	
Rodes	fig 4 . .	5	

	francs.	cent.
Bois de fer ; . . . . fig. 5 . .	1	
Bois de Brésil ; . . . fig. 6 . .	1	75
Idem Campêche ; . . fig. 7 . .	»	75
Idem Fernanbouc . . fig. 8 . .	1	75
Olivier de l'île Bourbon	»	60

Ivoire en dents à la livre.

	francs.	cent.
Ivoire petite, pleine, ou creuse .	6	
Idem pleine, moyenne grosseur .	9	
Idem grosse, de Sénégal	15	

	francs.	cent.
Ivoire verte de guinée, en creux, forte ou pleine, moyenne, la liv. .	18	
Idem grosse, pleine, la plus belle .	24	

Ivoire préparée pour tabatière.

	francs.	cent.
Boîte avec plaque à rapporter pour les fonds, pour une boîte de 18 lig. .	2	
Idem complet de 21 lig. . .	2	50
Idem . . . . . . de 24 lig. . .	3	
Idem . . . . . . de 27 lig. . .	4	
Idem . . . . . . de 30 lig. . .	5	
Idem . . . . . . de 33 lig. . .	6	
Idem . . . . . . de 36 lig. . .	7	

Nota. Il y a de l'ivoire toute débitée pour toutes sortes de pièces, il suffit de demander la grosseur, longueur, forme et l'usage (pour éviter le déchet.)

Ecaille en feuille.

	francs.	cent.
La plus petite et ordinaire, la livre	42	
La moyenne	48	
La grande et belle.	60	
La très-grande et la plus forte. . .	72	

---

	francs.	cent.
Ecaille préparée pour tabatière, doublure complette et polie, la garniture d'une boîte de 18 lig . .	3	
Idem . . . . de 21 lig. . .	3	50
Idem . . . . de 24 lig. . .	4	
Idem . . . . de 27 lig. . .	4	50
Idem . . . . de 30 lig. . .	5	
Idem . . . . de 33 lig. . .	6	
Idem . . . . de 36 lig. . .	7	

Il y a aussi des plaques et boîtes d'écaille soudée et brute pour doubler des boîtes, cela fait une différence à peu près d'un quart sur les prix ci-dessus.

	francst.	cent.
Papier de composition pour polir les bois et métaux, ordinaire . . .	»	20
Idem anglais, la feuille	»	40
Idem très fin, la feuille	»	50

Teinture.

	francst.	cent.
Teinture rouge à l'esprit de vin, couleur d'acajou, une petite bouteille de poisson environ	1	25
Teinture idem, rouge et jaune, dans des flacons de cristal, un peu plus grand	3	
Teinture bleue vitriolique, dans un flacon de crystal d'un poisson .	3	
Teinture noire et mordante, dans des bocaux, les deux	3	
Vernis pour le bois et le cuivre, dans des flacons de crystal d'un poisson ; chaque	5	
Colle de poisson à l'esprit - de-		

	francs.	cens.

vin , dans des bocaux évasés , d'un
poisson. . . . . | 1 | 5o |

Ponce très-fine pour polir les bois
et l'ivoire , dans des boîtes de ferblanc | 1 | 25 |

Tripoli très fin , pour idem , dans
des boîtes de fer-blan: . . . . | 1 | 5o |

Compas.

Compas à verge, fig. 1 de 12 p. .	15	
Idem de 15 à 16 p. .	18	

Idem à vis de rappel , fig. 5, 16 p. . | 24 | |

Compas à quatre pointes chan-
geantes, en acier , fig. 7 , de 8 p. . | 18 | |

Idem fig. 7 , à cinq pointes , plus
finis, de 9 à 10 p. . . . . | 24 | |

Compas droits , fig. 8 , les demi
fins de 6 à 12 p. de longueur , cou-
tent chaque pouce . . . . | » | 35 |

Compas idem , mais les pointes
courbées , comme les fig. 13 et 14 ,
chaque p. de longueur. . . . . | » | 5o |

	francs.	cent.
Compas à cercles, fig. 9, bien finis de 4 à 8 p. chaque p.	»	75
Compas à grand cercle, fig. 10, demi fins, de 4 à 12 p chaque p. .	»	75
Idem fig. 10, bien finis de 4 à 9. p. chaque pouce	1	
Idem fig. 11, à cric, bien finis, de 4 à 9 p. chaque p.	1	50
Idem à tête à ressort, fig. 12, demi fins, de 3 à 7 p. chaque p. . . .	»	90
Compas idem bien finis, fig. 12, de 3 à 6 p. chaque p.	1	25
Idem fig. 13 et 14 demi fins de 4 à 6 pouces	1	
Idem fig. 13 et 14, bien finis de 3 à 6 p. le p.	1	40
Compas d'épaisseur en cuivre, fig. 15 et 16, ordinaire, de 5 p. chaque pièce	3	
Idem de 6 pouc. chaque pièce .	4	

	francs.	cent.
Idem en cuivre, très-bièn faits, fig. 15 et 16 de 5 à 8 p. chaque p . . .	1	
Idem en acier, fig. 15 et 16, le centre à canon de cuivre, bien finis, de 6 à 8 p. chaque p	1	50
Compas fig. 17 bien finis, de 4 à 7 p. . . . . chaque p . . .	1	25
Idem fig 18. bien finis, de 4 à 8 p. . . . . le p . . .	1	
idem fig. 19, bien finis de 4 à 8 p. le p.	1	50
idem en 8 de chiffre, fig. 20, en cuivre ordinaire, de 3 à 6 p. le p . . .	»	50
Compas idem, fig. 20, bien finis .	1	

Calibre et Equère, Pl. 3.

	francs.	cent.
Calibre pour tabatière, fig. 3, de 6 p. en cuivre simple	9	
idem fig. 3, mais en acier . . .	12	
idem à vis de rappel, de plus par chaque pièce	3	

	francs.	cent.
Equère à chapeaux, fig. 4, en cuivre ou en fer, les plus ordinaires : de 4 à 8 p. . . . . le p. . .	»	75
Idem fine bien dressée et divisée, le p.		2
Equère simple en cuivre ou en fer, les plus ordinaires . . . le p. . .	»	50
Idem très fine et bien dressée . .	1	25
idem en T, fig. 6, les mêmes prix.		
Equère en croix fig. 7, la grande branche A B en cuivre, celle C D en fer, divisée . . . . vaut . .	24	
Celles tout d'acier très-bien faites .	40	
Calibre en fer ordinaire, le 6 p. . .	9	
Idem à machoires d'acier et divisé .	15	
Idem de 8 p. servant de trusquin	24	
Fausse équerre en fer ordinaire de 4 à 8 p. . . . . le p. . .	1	25

	francs.	cent.
Idem très-fine, en acier, bien finie, de 4 à 8 p. . . . . le p. . . .	2	

Trusquins.

	francs.	cent.
Les trusquins à tracer sur les métaux, les plus simples, en cuivre et branche d'acier	4	5o
Idem plus fins, avec plaque d'acier sur le devant	7	5o
Idem tout d'acier, de 10 fr. à . .	12	

	francs.	*cent.*
# MENUISERIE.		
Établis de menuiserie de cinq pieds de longueur environ, avec un pied mobile, un éteau de bois, un crochet et un valet	95	
Idem même bois, avec une partie à vis de rappel (à l'allemande) un pied mobile, un étau de bois, trois griffes à ressort et un valet . . .	150	
Idem en bois de noyer, très-bien fini toutes les têtes de vis de bois garnies de frette en fer ou en cuivre, leurs griffes et valet	200	
Valet d'établi à tête limée moyen .	7	
idem fort.	9	
idem à tête polie et bien faite . .	10	
idem fort.	15	
Sergent de deux à quatre pieds de longueur en fer bien corroyé le pieds	2	50

Varlopes.

	francs.	cent.
Varlope et demie varlope en alizier ou sauvageon garnies de leurs fers ; . . . . la paire . .	16	
Varlope demi fine en alisier, ou sauvageon . . . . . . la paire. . .	20	
idem en cormier, demi fine . .	25	
idem en très-bon cormier, très-sec, très-bien finie, avec fer fin affuté . .	40	
Rabots simples avec les fers de 5 à 6 pouces	2	50
idem de 7 à 8 p.	3	50
idem en cormier demi fins 4 et . .	4	50
idem en bois des îles	6	
Varlope à onglet, ou rabot à dresser de 10 à 12 p. ordinaire	4	
idem demi fin, en cormier. . .	6	
idem en bois des îles	10	
Rabots à deux fers, de 7 à 8 p.	6	

	francs.	cent.
idem de 12 p.	8	
idem en cormier demi fin , de 7 à 8 p.	9	
idem . . . . de 12 p. . . .	12	
idem en bois des îles , fers très-fins.	15	
Varlope avec poignées et à deux fers , de 15 p. en cormier ord. . .	12	
Idem de 18 à 20 p.	18	
Idem demi fine en bon cormier . .	21	
Idem en bois des îles , 15 p. . . .	25	
Idem de 18 p.	30	
Guillaume, feuilleret et tous les outils de moulure en bon ordin. .	3	
Idem en bon cormier, bien secs et bien faits , demi fin	5	
Idem très-fins	6	
Bouvet, d'assemblage , ordinaire , la paire	6	

	francs	cent.
Idem demi fin en cormier	9	
Idem très-fin avec languette fine, dressé goupillé, avec rosette en cuivre les fers fins	15	
Bouvet de deux pièces ordin. . .	7	50
Idem demi fin en cormier . . .	12	
Idem très-fin avec vis de rappel, en bon cormier, trois fers de rechange .	18	
Feuilleret universel en cormier, avec vis à double écroux en bois .	12	
Idem très-fin, avec vis de rappel en bois des îles	18	
Equère, fausse équère, triangle à onglet et maillet ordinaire, pièce . .	2	
Idem en cormier bien fini . . .	3	
idem plus grand et très-fin . . .	4	
Ciseaux, fermoirs, becs-d'ânes, gouges, tout emmanchés et affutés, même grandeur que ceux dont se		

	francs.	cent.
servent les menuisiers , assortis, cha-que pièce	1	50
Idem de la meilleure qualité , en acier fin , les manches en bois de cormier , bien montés , pièce . . .	2	
Idem , mais petit format , comme le sculpteur, pour couper à la main , montés en noyer , pièce	1	25
Idem , mais en acier fondu . . .	2	
Idem, mais les manches en cormier ou autre bois fin des îles	2	50
Scies de scieurs de bois , bonne qualité , toutes montées et affutées .	5	50
Idem, mais la lame en acier fondu, toutes affutées	12	
Scies à tenons et à tourner , or-dinaire, toutes montées et affutées, de 18 à 30 p. la pièce 3 à	4	50
Idem demi fines	6	
Idem fines , avec tringle de fer et très-proprement montées	12	

	francs.	cent.

Idem avec lame d'acier fondu, toutes affutées de 16 à 22 p. de 15 à .   **18**

Scies à refendre demi fines . . .   **12**

Idem plus fines **15**

Scies à main ou en passe-partout, demi fines , de 6 à 24 p. chaque pouce de lame . . . .   » 40

Idem à dents fines , bien minces de lame, soutenues avec un dossier de fer pour scier des arrasemens , très-fines et pour le cuivre mince chaque pouce de lame . . . .   » 50

Scies à main , les lames fines en acier fondu , de 6 à 24 p. moyennes et grandes dentures , le p. . . . .   » 60

---

idem lames d'acier fondu , très-fines soutenues d'un dossier de fer ou de cuivre , pour les os, l'ivoire , le cuivre et le fer, chaque p. de lame .   1 25

Vilebrequins.

Vilebrequins, forme de ceux d'An-

	francs.	cent.

gleterre, à tête de fer, à carré, à ressort, montés en alisier, la poignée à tourillon de buis, les plus simples garnis de 12 mèches. **35**

---

idem avec 18 mèches **45**

Vilebrequins demi fins, à tête de cuive ou d'acier, montés en bois de cormier, garnis de mèches à trois pointes, à cuiller, fraises, écarissoires, assortiment de 24 mèches **72**

---

idem de 36 mèches **85**

Vilebrequins idem, très-fins montés en bois des îles, poignée fines garnis de toutes mèches très-fines à trois pointes, touches, fraises, écarissoires à mouche, à cuiller, assortis de 36 mèches **120**

Vilebrequins idem garnis de 50 mèches très-fines, très-bien assorties. **150**

Vilebrequins en fer, avec noix au milieu, et poignée de bois, les plus simples. **3**

	francs.	cent.
idem un peu plus fin, limé à pans, montés en bois de noyer 5 fr. et . .	6	
idem demi fins, tige ajustée avec écroux, mieux montés en bois propre.	15	
idem fins, montés en bois des îles et bien ajustés	25	
idem très fins, tête à ressort, très bien montés et ajustés	35	
Le tout sans mèches.		
Mèches noires pour vilebrequins ordinaires, toutes ajustées, la douzaine.	10	
idem à cuiller polie, toute ajustées sur les vilebrequins, la douzaine .	15	
Mèches fines, comme mèches à trois pointes à l'angloise, fraises, écarissoires, louches, mèches à pierre, tournevis à cuiller, à mouches, assorties, toute ajustées sur les vilebrequins fins, la douzaine	30	

Ainsi l'on peut sur chaque sorte

de

de vilebrequin en fer, y faire ajuster la qualité et la quantité de mèches qu'on desire.

Pots à colle.

Les po's à colle sont avec bain-marie, pour éviter de brûler la colle, et pour la conserver long-temps chaude, ils sont tous en cuivre rouge étames en dedans.

	fransc.	cent.
Les plus petits, sans pieds . . .	6	
Les petits à pieds	9	
Les moyens idem	12	
Idem plus grands	15	
Idem très - grands.	18	
La colle forte, la bien bonne qualité, la livre	1	60
idem aussi bonne qualité que celle d'Angletterre	2	20

Nécessaires portatifs.

Boîtes d'outils en bois de noyer, à compartiment, garnies de clous,

	francs.	cent.
crochets, vis, marteaux, tenailles, pinces, et tous outres cutils usuels dans une maison, sur tout à la campagne, les plus simples de 18 p. de longueur, fermant à clef, très-propres, toutes garnies	80	
idem plus complettes et les outils plus fins	100	
Boîte plus complette même longueur, mais ayant un tiroir et renfermant un plus grand nombre d'outils .	120	
idem plus complette	150	
idem à deux tiroirs, et bien plus complette en nombre d'outils . . .	180	
idem plus complette et les outils plus fins	250	
Nous en complettons de ces dernières tant dans les qualitésque dans la plus grande quantité d'outils de, 400 à	600	
Comme aussi dans les premières, nous en complettons à plus bas prix en ne mettant pas des boîtes aussi		

fines, les outils plus ordinaires, et en moins grande quantité ; les demandeurs fixeront, en moins comme en plus, les prix qu'ils voudront y mettre.

Diamants.

	francs.	cent.
Bons diamants à dessiner et à écrire sur le verre	6	
idem à couper le verre, les moindres, mais à l'essai	9	
idem bons, plus forts et plus sûrs de 15, 20 et	25	
idem à couper la glace, montés avec le petit manche en cuivre de 30 fr. 40 fr. et	50	
Ces variations de prix dépendent des grosseurs, qualités des pierres et de leur monture.		
Règles de vitrier, en noyer, suivant leur grandeur, de 1 fr. 25 c. à .	2	
idem en bois des îles, suivant leur qualité et longueur, de 2 à .	4	

Outils de jardinage.

	francs.	cent.
Serpette moyenne montée en ébène.	3	
idem à manche d'ivoire	5	
idem avec greffoir à manche d'ébène	4	
Idem à manche d'ivoire	7	
Scie à ébrancher, ordinaire, de 1 fr. 25 cent. à	2	
Idem fine à double dents, moyenne.	4	
idem grande	5	
idem fermante en couteau à manche d'ébène	6	
idem avec serpette de l'autre bout, manche d'ébène	7	
idem avec quatre pièces, scie, serpette, greffoir, et écussonnoir . . .	9	
Serpe ordinaire, très bonne . .	3	
idem demi-fine, moyenne, à manche propre	6	

idem très-fine à manche d'ébène .   9

Assortiment de neuf petits outils polis, montés sur des cannes vernies, pour cultiver des fleurs , ou pour des dames , le tout se place sur un pied en gaîne , très-propre , faisant faisceau , l'assortiment vaut   72

| | francs | cent. |

Outils servant pour la serrurerie ,
la mécanique , et l'horlogerie.

Etau à agraffe pour attacher sur une table ou sur un petit établi, les plus simples selon leur force , de 5 , 6 , 8, 10 et   12

idem bien fait , façon d'Angleterre, selon la force , 12, 15, 18, 24, 30 .   36

Etau à main , ordinaire   2

idem d'Allemagne, bien fait , selon leur force , 3 fr. 50 cent. 4 fr. 50 cent. 6 fr. et   7

idem d'Angleterre , bien fait , de 5, 6, 8, 10 et   12

Etau tournant parallelle , très-bien fait , les petits ouvrant 2 p.   100

	francs.	cent.
idem moyen.	150	
idem fort, la vis à filet carré . .	200	
Etau à pied d Allemagne, de 18 à 50 liv. pesant ; la liv.	1	10
Etau à pied, d'Angleterre, de 18 à 36 liv. la liv.	2	
Etau à pied anglais, bien fait, tout poli, de 15 à 25 liv. pesant, la livre à raison de	4	50

Pinces.

	francs.	cent.
Pince plate et ronde, fine, bonne qualité, de 3 à 4 p. et demi	1	20
idem de 5 à 5 p. et demi . . .	1	50
idem de 6 à 7 p. 2 fr. 50 cent. à .	3	
Pince à coulant et coupante sur le bout et sur le côté, en très-bonne qualité, moyenne.	2	50
idem forte.	3	
idem très-forte.	3	50

	francs.	cent.
Cisaille pour servir à couper à la main, les plus ordinaires, de 5 à 12 p. le p..	»	25
Idem les demi fines, même longueur, le p..	»	50
Idem très-fines et de la meilleure qualité, de 5 à 8 p. le p.	»	60
Idem de 9 à 12 p. le p..	»	75
Archet en baleine de 1 fr. 75 cen. à .	2	50
Idem à lame de fleuret, petit. .	3	
Idem fort	4	50
Idem à rocher, à cliquet, pour tendre les lames.	9	
Idem à boîte, à lame changeante .	15	
Idem, mais mieux fini avec deux lames de rechange.	20	
Tenailles à arracher, bonne ord. polies, de 5 à 8 p. le p..	»	30
idem fine, polie, de 5 à 8 p. branches plates d'allemagne le p. . . .	»	75

	francs.	cent.
Pied-de-biche à arracher les clous, ordinaire	1	50
idem fin , bien acèré	3	
Pointeau, poinçon , chasse-pointe, tout d'acier , chaque	«	75
Ciseaux à froid , petit et moyen ordinaire	1	
Idem , même qualité , fort . . .	1	50
Ciseaux à froid, renforcis, bonne qualité , bien acérés, petits , ...	2	
Idem moyen	2	50
Idem fort.	3	
Outils de serrurerie, comme chasse-pointe , bec d'âne, bec corbin, outils à mortaise, ciseaux minces, burins, ciseaux à froid , les demi fins assortis, la douzaine	24	
Idem en acier fondu bien finis , la douzaine assortie	36	

Petits Outils de forge.

<table>
<tr><td></td><td>*francs.*</td><td>*cent.*</td></tr>
</table>

Quatre paires de tenailles, crochet, tisonnier, seulement blanchis, les six pièces . . . . — 24

Ciseaux, poinçons, rond, plat, carré, fraisoir, en bon ordinaire de 8 p. de long, les six pièces . . — 12

Petit marteau à main, dégorgeoir, tranches à froid, à chaud, chasses rond et carré, les six pièces . . . — 20

idem tenailles, crochet, tisonnier, en très-bon fer corroyé, bien ajustés et bien limés, les six pieces . . . — 40

Assortiment de poinçons, ciseaux de huit pouces de long, en bon acier, bien finis, les six pieces. . . . . . — 24

idem de marteaux, chasses, tranches en acier fin, mieux soignés quoique noirs, tout emmanchés . . . . — 40

Rivoir (ou marteau de serrurier) demi-fin, tout emmanché, petit, et fort, les deux . . . . . . — 8

	francs.	cent.
idem noir, en acier fin, bien trempé, manche propre, les deux .	12	
Les deux idem en acier fin, bien polis et manches fins, les deux . .	18	
Marteaux d'établi, forme ordinaire, tout emmanchés, petits 1 fr. 75 c. à .	2	
Moyens.	2	50
Les forts	3	50
Idem forme anglaise et autres, en acier fin, manches très-propres. . .	6	
Les moyens	7	
Les forts. . . . de 8 à	10	
Assortiment de douze forets montés chacun sur bobine en bois dur, la douzaine assortie.	6	
Boîte à forêts (ou porte-forêts) garni de six forêts et une fraise avec bobine de buis, bien faite	6	
Idem plus fin, tourné, bobine en bois des îles.	8	

	francs.	cens.
Conscience (ou plastron) pour soutenir les bouts opposés aux mèches des forets, les plus simples. . . .	2	25
Idem plus finie, avec plaque d'acier attachée avec des vis. . . .	4	5o
Porte-foret, à tige, ajusté dans une poignée, tel que les vilebrequins, qui sert de conscience, garni de six forets et une fraise.	12	
Idem plus fin, garni en cuivre, avec douze forets et une fraise . .	18	
Idem avec double bobine, tout en fer, et plus fort, avec 12 forets et fraise	24	
Touret à chape de cuivre, pour mettre dans l'étau, ou monter à vis sur une table, garni de 12 forêts et une fraise ; il y en a de six grandeurs et valent de 7 fr. 5o c. à	24	

Porte - forêt, ou touret en fer, forme de la fig. 1 pl. 18, tom 1er. avec six paires de forêts à incruster, fig. 2 et 3, et 12 forets à épaule-

	francs.	*cent.*

ment et autre, une fraise, les plus petits et les plus simples . . . . | 60 |

Les plus forts et les mieux finis. . | 84 |

Planchette de bois, de diverses couleurs, refendue d'épaisseur pour les forets à incruster, en bois teint, chaque . . . . | | 60 |

Idem en bois des îles . . . . . | 1 |

L'article des limes et des râpes, est beaucoup trop étendu pour faire l'énumération de chacune d'elle en particulier ; mais nous faisons des assortiments de ces limes angloises, en plattes, demi rondes, rondes, et à trois quarts, bâtardes et douces, de 5 à 8 p. de long, pour les prix que l'on y voudroit mettre ; nous faisons des asssortiments de 12 pièces de 5 à 8 p. de long pour. . . . . | 12 |

Idem jusqu'à 10 p. bâtarde et douce, et râpes, de vingt par assortiment . | 24 |

Si on les vouloit toutes emmanchées, on désigneroit à l'article des

	francs.	cent.

manches ceux que l'on y voudroit.

Nous avons des limes très-fines en acier fondu, assorties de 12 pièces bâtardes et douces. . . de . . . . . 20 |

Filières à Tarauder le fer.

Filières à tarauder le fer et le cuivre, avec leurs taraux sur chaque trou ; il y a de ces filières assorties de 6, 8 jusqu'à 12 trous, à raison chaque trou . . . de . . . 60

Filières fines, angloises, dont se servent les horlogers, avec trous fins, plusieurs trous sur le même tanan, les plus petites à trous très-fins. . . 3

Moyennes 5

Idem plus fortes 9

Idem grandes, les trous de une à trois lig. 12

Filières simples à deux manches tournés, ayant les taraux tout d'acier, 6, 7 et 8 trous sur leurs longueurs, et autant de taraux sur chaque ; celle à 6 trous et 6 taraux de 5 à 6 lig. 7

	francs.	cent.

Idem, plus grandes, 7 trous et 7 taraux de 4 à 8 lig. **35**

idem grandes, de 8 tr ouset 8 taraux de 5 à 9 lig. **45**

Filières doubles.

Petite filière double, garnie de trois paires de coussinets et 8 taraux de 1 à 3 lig. deux sortes de pas. . **18**

Idem, de 2 à 4 lig. **24**

idem même grandeur et plus fine, le corps de la filière trempé, trois jeux de coussinets, ajustés à rainure, 12 taraux . . . **27** et **30**

idem, plus grande pour tarauder, de 2 à 6 lig. **50**

idem pour tarauder de 3 jusqu'à 8 lig. **120**

idem de 4 à 10 lig. **200**

idem de 6 à 12 lig. **300**

Nous en faisons pour tarauder jusqu'à deux pouces:

<table>
<tr><td></td><td>francs.</td><td>cent.</td></tr>
</table>

Les filières à deux manches ainsi que les filières doubles dont nous donnons un apperçu des prix , sont toutes fabriquées chez nous ; les coussinets et les taraux sont en acier fin ; nous n'épargnons rien pour la qualité et la perfection ; les prix sur cet article sont extrêmement variés ; la force , la forme des filières, le nombre des coussinets et des taraux, et la perfection ; tout cela change la valeur ; il suffit que l'amateur, ou l'artiste, nous donne la grosseur des taraux , la quantité des coussinets qu'il veut , et la perfection qu'il desire , car dans une filière que nous marquons 200 fr. la même peut s'augmenter de 5o à 6o fr. et venir jusqu'à 3 et 400 fr. comme elle peut aussi diminuer de 5o à 6o fr. ; le tout dépend du travail que l'on exige.

Nous en faisons faire aussi par des ouvriers du dehors, comme d'autres marchands, mais elles s nt plus communes, et nous ne pouvons pas en répondre comme de celles que nous fabriquons chez nous, où nous n'y épargnons rien.

Burins.

	francs.	cent.
Les petits burins et échoppes pour graver, ou pour tourner à l'archet, les petits.	»	3o
Moyens.	»	5o
Les forts	1	

Les plus forts servent pour les grands tours et sont classés avec les outils.

Alphabet.

	francs.	cent.
Alphabet d'acier et les chiffres pour frapper sur les métaux , les ordinaires . . . de 1 lig.	12	
idem . . . de 2 lig.	15	
idem . . . de 3 lig	20	
idem , mieux fait de 1 lig. . . .	18	
idem . de 2 lig.	25	
idem . de 3 lig.	3o	

Ingrédiens pour polir.

	francs.	cent.
Emeri en grains, de trois grosseurs, chaque boîte de fer-blanc	1	25

idem

	francs.	cent.
idem fin , broyé	1	50
Potée d'étain , boîte plus petite .	1	50
Rouge fin pour l'acier.	2	
Rouge pour l'or	3	
Composition à brillanter les métaux . . la boîte la plus petite . .	3	
Terre pourrie , très-fine pour polir le cuivre et 'argent . . le boîte . .	1	50
Vernis pour le cuivre dans un flacon de cristal	3	
Soudure au zinc pour le cuivre , de diverse grosseur, la boîte . . .	2	
Borax en poudre la boîte	1	50
Borachoir en fer-blanc à bec pour placer le borax sur la pièce , en fer-blanc , seul	1	25
Boîte à résine , toute garnie de résine en poudre	1	50
Borachoir en cuivre , propre . .	3	

	francs.	cent
Soudure d'étain en pain, la livre .	2	»
Fers à souder l'étain, les petits. .	2	
Idem, moyenne force	2	5o
idem, fins, tige polie, petits . . .	3	
idem moyens	4	
idem forts	5	

Romaine à cadran.

	francs.	cent
Romaine à cadran à toute épreuve, et approuvée des balanciers et très-juste, graduée par demi livre, poids ancien et nouveau pesant de 4o à 5o l.	33	»
idem aux deux pois à 1oo liv. .	33	»
idem deux poids à 15o liv. . .	4o	»
idem deux poids à 2oo	5o	»
idem deux poids à 3oo	72	»
idem deux poids à 4oo	9o	»
idem deux poids à 5oo.	11o	»

Rien nest plus commode et moins embarrassant que ces sortes de romaines et moins sujet à se déranger.

Si l'on ne vouloit qu'un seul poids, soit l'ancien ou le nouveau, cela feroit une diminution par chaque cent de 3 liv.

Presse.

	francs.	cent.
Petite presse pour les papiers, brochures et autres, en bois de noyer, plateau de 8 p. sur 6 p. de largeur, vis en bois.	2	
idem, mais de 10 sur 8 p. . .	25	
idem . . . de 12 sur 9 p. . . .	30	
idem . . de 15 sur 12 p.	50	
idem mais mieux finie, avec boulon et contre plaque pour les assemblages, vis garnies de cercles, manivelle de fer très-bien finie de 15 sur 12 p.	75	

Nota. On peut avoir de ces presses à toute grandeur, et à prix moindre, comme plus chères et plus grandes.

---

	francs.	cent.
Presse à rogner le papier, sans établi, avec son porte couteau, deux couteaux de rechange et la clef . .	60	

Cousoir en bois de noyer, propor-

	francs.	cent.
tionné à la presse pour relier les brochures, avec 6 clavettes en cuivre.	15	
Outils d'acier pour couper le carton tout emmanchés, les plus simples.	3	
idem en acier fin, les manches plus propres.	4	50
Règles en fer pour le même usage, demi fines, 12 p.	4	50
idem . . . de 15 p	6	
idem . . . de 18 p.	9	
Règle idem fine, bien dressée de 12 p	8	
idem . . . de 15 p.	12	
idem . . . de 18 p.	15	
idem . . . de 24 p.	20	

Nous nous occupons aussi de faire des petites imprimeries à la main, avec un assortiment de caractère; il y en aura à différents prix ; nous ne pourrons les fixer que quand il y en aura d'établies.

Nous entreprenons aussi de construire dans nos atteliers toute espèce de pièces méchaniques, mais il faut nous envoyer des modèles exacts, ou des desseins très corects.

F I N.

TABLE DES MATIÈRES.

A

B

C

R

S

T

Fin de la Table.

N. B. L'on prévient que l'on ne recevra aucune lettre que le port n'en soit payé.

ADDITION AU CATALOGUE

ARTICLES CONCERNANT LES MANUFACTURES ET
ATTELIERS EN TOUS GENRES.

Menuiserie.

	francs.	cent.
Fers de rabot, en très-bonne qualité, d'Allemagne, de 15 à 18 lig. .	»	60
Fers de demi-varlope, de 18 à 20 l.	»	70
Fers de varlope, de 21 à 25 lig. .	»	80
Fers de rabot double, noirs, de 15 à 25 lig. chaque	2	25
Idem demi-polis, même largeur .	2	50
Fers de rabot, d'acier fondu, bien assortis, de 15 à 25 lignes, à raison chaque pouce de	»	60
Fers de guillaume, feuilleret et de tout outil de moulure, en bon ordinaire, chaque pièce	»	30

	francs.	cent.
Fers de bouvet double, pour assembler, chaque paire	»	70
Languette en fer pour bouvet . .	1	»
Vis de bouvet de 2 pièces, les 2	»	60

Nous avons donné dans ce catalogue, page 56 et suivantes le prix de ces outils tout montés.

	francs.	cent.
Ciseaux et fermoirs de menuisier façon angloise, très-bonne qualité, de 6 . 9 lig.	»	50
Et 12 . 15 . 18 . 21 . 24 lig. chaque pouce	»	60
Ciseaux d'Angleterre, très-bonne qualité, de 6 . 9 . 12 . 15 lig. la pièc. de 60 . 75 . 90 cent. et	1	»
Bec d'âne bon , ordinaire . . . de 1 . 2 . 3 . 4 . 5 . . 6 lignes à 40, 50, 60, 70 , 90 cent. et . . .	1	
Lame de scie de menuisier. demi trempée , dents droites ou couchées, très-bonnes qualités de 16 à 22 p.		

	francs.	cent.
de long , chaque pied de longueur .	»	60
le 24 . 26 . 28 . 30 . 33 et 36 p. à 1.30, 1 40, 1 50 1 70 2 fr. et .	2	50

Lame dite à tourner , de 15 à 22 p. de longueur demi trempé , de 60 à 90 cent. pièce

---

Nous avons donné , page 69, les prix de toutes les scies montées pour menuisier.

Limes et Acier.

	francs.	cent.
Limes d'Allemagne empaillées , bonne qualité de 1 , 2 , 3 et 4 au paquet , plattes et demi rondes le paquet . . . de . . . 6/4	1	60
Idem plus fortes . . de . 7/4 . .	1	80

---

	francs.	cent.
Carreaux tout d'acier , bien taillés, de la meilleure qualité, pesant chacun de 3 à 10 livres , chaque livre . . .	1	25

Limes et rapes d'Angleterre , voyez la page 84 de ce catalogue

Acier.

	francs.	cent.

Acier d'Hongrie en barre, carré, par botte de 110 livres, la livre . . — » | 90

Acier d'étoffe de pont, plat et carré de toute grosseur et largeur, jusqu'à 44 pouces, la livre . . . . » | 90

Petit acier, en pied et carré de 1 à 4 lig. en plat de 3 à 9 lig. et rond de diverses grosseurs, la liv. . . . 2 | 10

Acier stirel (à la rose) en petites barres carrées et mi-plat la liv. . . 1 | 10

Acier anglois.

Acier boursouflé (ou pou'e) en mi-plat, de 2 à 3 pouces de largeur, propre à acérer toutes sortes d'outils de force, la liv . . . . . 1 | 5o

Acier à l'éperon, le même coroyé en barres plattes, de 12 à 16 lignes, très-bonne qualité, la liv. . . . . 1 | 8o

Acier fondu, Marsal, en barres plattes, de 4 à 9 lig. la liv. . . . . 2 |

	francs.	cent.
Acier fondu, Huntsman , de la meilleure qualité , en barres mi-plates, de 4 à 12 lig. propres à toutes sortes d'outils et crochets à tourner le fer ,la livre	2	40
Idem en carré et plat carré de 3 à 24 lig. la livre	2	40
Petit acier rond et carré , forgé de une à 4 lig. la livre	5	
Acier rond tiré , poli en pied , le plus gros des numéros (1 à 30) de 3 à 2 lig. la livre	6	
Moyen (n°. 31 à 50) 2 à 1 lig .	8	
Le plus fin (51 à 70)	14	

Cuivre jaune.

	francs.	cent.
Cuivre en planche , depuis le plus mince moins que un quart de ligne jusqu'à quatre lig. d'épaisseur, coupé à telle largeur et longueur que l'on desire, la livre	2	40
Fil de laiton noir de toutes grosseurs, de une à 6 lig. la liv.	2	65

	francs.	cent.
Fil de cuivre, tiré et deroché, propre aux fabriques d'indiennes, papiers et autre, le plus fin, la liv. .	4	
Le moyen	3	5o
Le gros, de une à 2 lig.	3	

Cuivre de rosette à allier l'or, la liv .	6	

Outils de graveur en bois.

	francs.	cent.
Les pointes seules, la douzaine .	2	5o
Les manches seuls en buis avec la virole en cuivre	1	5o
Idem mieux faits, forts et une noix au milieu	2	25

Gouges fines, d'acier fondu très-bien évuidées, assortiment suivi, la douzaine de pièce.	9	
Bullavent assorti, la douz. . . .	7	20

Cuivre tiré en étoile de diverses sortes, cœur-poids, feuille de sauge, virgules et de toute autre forme, le pied, 5o cent. et	1	

Outils divers.

	francs.	cent.
Scies à monture de fer, avec manche à vis pour serrer les lames (nommées à la françoise) pour lame de 6 à 12 pouces, à raison chaque p. de lame	1	
Lames de scies angloises pour scier le cuive et le fer, pour les montures ci-dessus chaque p. de lame . . .	»	25
Montures de scies en fer, forme angloise, avec leur lame et un écrou à oreille pour la tendre, chaque p. de lame.	1	50
Pince à tendre les cardes sur le tambour. . les plus pimples . . .	12	
Idem forte avec dents d'acier, et à anneaux	18	
Clef universelle (clef de voiture) pour toutes sortes d'écroux, avec le manche à vis, les plus simples et ordinaires	9	
Idem plus fortes	12	
Idem mieux finies et fortes . . .	18	
idem à double branche très-solides.	24	
Clef idem, bien aju tée, très fine, bien limée et polie, petite	27	

	francs.	cent.
Les fortes, idem	36	

Creusets à fondre.

	francs.	cent.
Creusets de terre d'Allemagne, les petits, trois à la pile	»	20
Idem les petits, cinq à la pile . .	»	5o
Idem les grands, cinq à la pile . .	»	6o
Idem les grands, six à la pile . .	1	20
Idem les grands, huit à pile . .	1	5o
Creusets de mine de plomb, six p. hauteur ext. trois p. trois quartd e diametre intérieur . chaque pièce . .	3	
Dit 7 p. . . . . de d.	3	3o
Dit 8 p. . . . 4 p. un quart.	4	
Dit 9 p. . . . 4 p. et demi . . .	5	
Dit 10 p. . . . 4 p trois quarts . . .	5	5o
Grand, dit pour fondre 70 et 100 marcs doubles se vendent chaque double marc	»	20

Hameçons anglois.

	francs.	cent.
Hameçons en papier jaune, assortis, le milier	6	
Idem plus fins, de qualité, en papier blanc, n°. 14, le mille	9	
Idem gros n°. o et oo, le mille .	10	
Idem superfins (John) assortis du n°. 1 à 10	15